早上装好，
瘦身美味！

减肥便当

（日）柳泽英子—著

郭雅馨—译

青岛出版社
QINGDAO PUBLISHING HOUSE

Contents 减肥便当秘籍

part 1 肉！减肥便当

1

2 海鲜！减肥便当

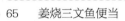

3 单品！减肥便当

📺 瘦身食谱

本书的使用方法

瘦身吃法顺序

瘦身吃法的顺序：新鲜蔬菜、加热蔬菜、肉或鱼，最后吃米饭。顺序标有数字，在次页专栏详细介绍。最后的米饭可以不吃，小菜也可以少吃些。

小菜替代

推荐介绍可以替换的副菜。季节不合或食材缺乏时可视情况替换。可任意组合搭配。

可冷冻

表示可以冷冻

冷冻时分成小块，不易结成硬块。微波加热时温度以 80℃为佳（特殊的微波炉参照其说明书）。

冷藏
4~5 日

冷藏 4~5 天

指冷藏保存的期限，即食品装入清洁的保存容器，在冷藏的情况下的保存期限。请在此期限内尽早使用。

〇一杯为 200ml，一大匙为 15ml，一小匙为 5ml。大小勺均指平勺量。

〇尽量选用含有矿物质的粗盐和无添加成分的调味料粉。

〇味噌无特殊指定，用自己喜欢的即可。

〇微波炉为 600W，烤箱为 800W。功率不同影响饭菜效果，请在仔细阅读说明书后正确使用加热工具。

〇书中的加热时间或温度仅供参考，可酌情加减。

〇本书将“调味汁腌制的”菜品统称为腌菜。

不运动瘦身1年间，体重保持至今未反弹，便当菜谱秘笈

"瘦身吃法"易学易做

52岁的那年我成功瘦身26kg！后来一直保持到今天56岁。告别了此前长达四十年之久反反复复甚至是忍饥挨饿的瘦身奋斗史，实现了轻轻松松无拘无束的瘦身目标。自己瘦身的关键词是血糖值、酵素、膳食纤维。控制好血糖值避免发胖，多吃酵素多的食品增加代谢功能，多多摄取膳食纤维。只要注意这几个关键点就可以了。

我从自己的实践经验总结写出了《英子减肥食单》。提前做好，回到家只需摆上桌，也可以做成美味好看的便当，更加情趣盎然。既营养又美味，完全没必要下馆子。瘦身的吃法易学易做，只需提前作好准备即可。

便当也是瘦身饭菜！

73kg

47kg

-26 kg

2010年11月　　　2014年11月　　　2015年12月

2

《英子减肥食单》，只要早上装好饭菜，就会发挥出减肥便当的威力！

拙作《英子减肥食单》上市以后获得了好评，读者们纷纷来信要求我续写减肥便当的书。因此，本书严选了适合制作便当的菜谱，保持便当的特色，做到清淡美味。

便当成了瘦身饭菜，再也不用整天徜徉于街头的饭馆，再也不用担心稀里糊涂吃进暗含高糖量的饭菜了。

再加上平时在家也吃自制的瘦身小菜，瘦身的效果会大大提高。

《英子减肥食单》
"年过5旬，1年减掉26kg，不反弹！"作者用自己的切身实践著书发表第1弹，介绍瘦身菜谱及做饭。上市销售突破32万册。

《老公减肥食单》
"为老公！"的瘦身菜谱，第2弹继续走红。"肉食面食均随心吃"，颇受读者欢迎。

瘦身吃法3原则

1. 多吃蔬菜
新鲜蔬菜富含酵素，不仅有助于消化，还有促进代谢的作用，故可使人代谢顺畅，促进瘦身减肥。加之蔬菜加热后蔫柔萎软，可以增加食量。摄取膳食纤维也很重要。

2. 多吃鱼肉
"不吃卡里路高的肉类"是错误观念。肉类和鱼类富含的蛋白质是维持我们身体的重要物质。其中几乎不含糖分，可以尽情食用。奶酪和鲜牛奶也OK。

3. 严控碳水化合物
碳水化合物里含糖量较高，尤其要严控其摄入量。首先，米饭、面包、面条之类的食物，要减少到平时量的$\frac{1}{3}$~$\frac{1}{2}$。如果想尽早见效的话，可连续数日不吃上述食物。不吃含有砂糖和面粉的点心。

进食的顺序→按照（1）（2）（3）的顺序进食，效果显著！

告别小小的便当盒，
开怀畅吃照样瘦身！

低糖分比低热量更有效，便当可尽情吃无需减量。

　　用儿童有的那种小便当盒，里面装的是沙拉、煮鸡胸肉等各色各样分量不多的菜品。以前的我也是如此。压力太大瘦身无法持久，刚瘦下来又反弹回去，每每后悔不已。我的自身体验是，低糖分比低热量更有效，掌握好既可以吃饱又能够瘦身！提前做好饭菜，轻而易举就能坚持下来，不会反弹。第一步就首先去买一个大号的便当盒。

例如 : 2道主菜、4道副菜……

主菜

以肉鱼为主的瘦身小菜。喜欢可以散开吃！

副菜1

加热的蔬菜，可以摄取其中的膳食纤维。食材不足时可选择鸡蛋补充。

副菜2

近乎新鲜的蔬菜可适量补充酵素。充分咀嚼，易获满腹感。

主菜　　A 猪肉炖豆子（p.24）/ B 姜烧三文鱼（p.65）
副菜1　C 辣拌茄子（p.67）/ D 藕片炒培根（p.67）
副菜2　E 德式酸菜（p.25）/ F 西蓝花鸡蛋沙拉（p.25）

※ 无法准备得那么齐全也没关系。注意在3天的保质期内，花半周时间抽空做就可以。

主菜和 2 道副菜搭配装点得
碳水化合物也特别可口！

2 道主菜和 4 道副菜准备好之后，关键是搭配。先装入米饭，再装小菜。有时冷藏后油脂容易凝固，食用时加热即可恢复原状，不必担心。用来做间隔的生菜和填缝用的小番茄，是应该常备的。

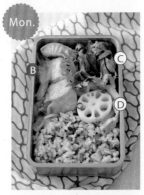

加入生菜，与 p.65 "姜烧三文鱼便当"搭配。

与 "猪肉大豆便当"搭配。

鱼类便当搭配副菜 p.25 和 p.67 各选 1 道，配以面包。

猪肉类便当搭配 p.67 副菜，可配米饭饭团。

鱼类便当搭配 p.25 副菜，配意粉变洋餐。

在家可用大圆盘

当然，不仅限于便当，家里的午餐也照样适用。

"瘦身小菜"体验报告

"瘦身吃法3原则"和"瘦身小菜"便当会引起身体的那些变化?
立竿见影,目击实测数据不断出现好结果!

🍱 Case 1

原来凸显的小腹不见了!
无拘无束就瘦身了真是令人惬意 ♥

低糖而反复瘦身失败反弹的人屡见不鲜,平时我不太做便当,刚开始心里惴惴不安。连晚饭我都尽量吃瘦身小菜和便当,下饭馆时注意尽量低糖。我很喜欢喝酒,只好不喝啤酒和日本酒,选择红酒和烧酒。本来我不太喜欢喝烧酒,后来也喜欢上了。也没太管住嘴就轻轻松松瘦身了,说起来令人难以置信。现在跑起来肚皮也不跟着颤动了(笑)!早知如此,早实践就好了。

Before → **After**

体重
-5.1kg

腰围
-5.0cm

14天瘦身

IE 女士 38 岁

身高 163.3cm

58.4 → 53.3kg

84.0 → 70.0kg

Before → After 小腹平平!

喜欢的便当

炸鸡(p.4)
德式酸菜(p.25)
羊栖菜煎蛋(p.17)
酸辣荬瓜(p.53)

and more...

喜欢的便当

And more···TA 女士 52 岁

18天 → 4.4kg

(73.1 → 68.7kg)

炸鸡(p.4)
梅干芝士炸豆皮(p.71)
爽口西芹(p.49)

脸部和腹部都瘦下来了!活动的时候再也不用气喘吁吁了。

◉Case 2 改变饮食习惯的实际效果

原先我每天早上醒来就吃蛋糕和点心面包，睡前一定要来1~2碗米饭。现在饮食习惯改变了，一日三餐全部吃瘦身小菜，连续坚持19天。结果，穿上以前的裙子显得肥肥大大，腰围尺码也缩小了。每天吃多味熟菜，从那以后也一直保持这种饮食习惯。年初又瘦了1kg，肌肉也显得水滑细腻了。

Before　After

体重 **-4.9kg** 19天瘦身
腰围 **-9.0cm**

AK 女士　50 岁
身高 155.5cm
52.5 → 47.6kg
80.0 → 71.0cm

喜欢的便当

咖喱鸡肉炖番茄（p.12）
西蓝花鸡蛋沙拉（p.25）

◉Case 3·4　夫唱妇随共同瘦身！

我们夫妻都忙于工作，瘦身小菜也要轮流做。不过食谱并不复杂，就连我这个做丈夫的也能在30分钟内轻松自如做出3道菜。有时晚餐在外应酬的时候，我就注意不吃米饭，减少糖分摄入，结果夫妻瘦身效果都很显著。看着妻子苗条的身段，使我常常回忆起刚结婚时的她。

After

-7.0kg 19天瘦身
ウエスト **-12.3cm**

MK 先生　41 岁
身高 175.5cm
75.0 → 68.0kg
96.5 → 84.2cm

Before　After

-4.6kg 19天瘦身
-6.0cm

ME 女士　42 岁
身高 162.5cm
54.4 → 49.8kg
78.0 → 72.0cm

喜欢的便当

腌油菜（自制）
香烤三文鱼（p.70）
胡萝卜蛋黄炒金枪鱼（p.57）
凉拌菠菜金针菇（自制）

瘦身食谱 Column 1

米饭面包吃多少最好?

　　午餐最重要,米饭之类的主食也可以一起吃。米饭100g,6切面包1片或半片,意面(煮前)50~60g。如果瘦身心切可以再减一下量。主要是吃小菜,另外蔬菜、鱼肉、主食按顺序充分咀嚼,就容易获得饱腹感。

米饭

在精白米中加入杂谷、糙米和燕麦的话,即使含糖量相同也可以摄入维生素、矿物质和膳食纤维,对健康更有益。本书便当中的米饭,可根据自身的喜好取而代之。照片中的量都是100g,盖上保鲜膜冷冻保存,可以防止吃得过量。

面包

最好食用黑麦和糙米。最近低糖面包颇受欢迎。

意面

全麦粉易于购入,推荐食用。原麦粉制成的空心面也很不错。

肉！减肥便当

3 rd
炸鸡

1 st
彩椒丝或生菜
叶将饭菜隔开

4 th
燕麦米饭

2 nd
芦笋香菇

\ 炸鸡便当 /

主要以不含糖分的鸡肉为主。不挂料粉直接油炸，
保证不含糖。副菜可多吃蔬菜。

主菜 炸鸡

抹上油再炸，用油少但炸出的效果很好。炸好后，取出
3~5 块直接摆入便当盒。

副菜 芦笋香菇

用烤箱烤制，使汤汁入味。

可选替 "炖口蘑" ▶ p.41

副菜 七彩椒丝

洒上少许味淋能抑制酸味，更加美味。
色彩搭配也俱佳。

可选替 "果汁小番茄" ▶ p.29

POINT

将菜汁吸干后装盒
将烧汁或腌汁用吸油纸包裹1
分钟，吸干水分。

米饭 燕麦米饭

燕麦米饭 100g（1 人份），可根据个
人喜好点缀小梅子。
※ 燕麦在超市和粮店有售。

品尝顺序

七彩椒丝和生菜
↓
芦笋香菇
↓
炸鸡
↓
燕麦米饭

冷藏
4~5日

可冷冻

 主菜 # 炸鸡

材料（2人份）

鸡腿肉（炸鸡用）…300g

A
- 生姜泥…1撮
- 柠檬汁…半个（约1大匙）
- 盐…⅓小匙
- 胡椒…少许

橄榄油…3大匙

做法

1. 将鸡腿肉与调料 A 混合搅拌 5 分钟。揩干水分加入橄榄油搅拌。

2. 将步骤 1 的食材摆入平底锅，开强中火 3 分钟。待食材焦黄后，翻转过来，再以弱中火炸3~5分钟。

 炸鸡便当

副菜 芦笋香菇

材料（2人份）

芦笋（切成3cm长）···6~8 根
香菇（对半竖切）···6 个

A
| 水···1 杯
| 高汤粉···2 大匙
| 醋···1 大匙

橄榄油···少许

做法

1. 将调料 A 倒入容器中搅拌。
2. 将芦笋和香菇摆放到锡纸上，再洒上橄榄油。然后用烤箱加热 6~8 分钟。
3. 将步骤 2 的食材趁热倒入步骤 1 的容器中。

冷藏
3~4日

副菜 七彩椒丝

材料（2人份）

彩椒（红黄）（切丝）···各 1 个
圆葱（切成薄片）···半个

A
| 醋···2 大匙
| 味淋···半大匙
| 盐、胡椒···少许

做法

1. 将彩椒和圆葱加入⅓小匙盐（分外量）搅拌 5 分钟。挤干水分。
2. 将调料 A 加入步骤 1 的食材中搅拌。

冷藏
4~5日

肉！减肥便当　鸡肉篇

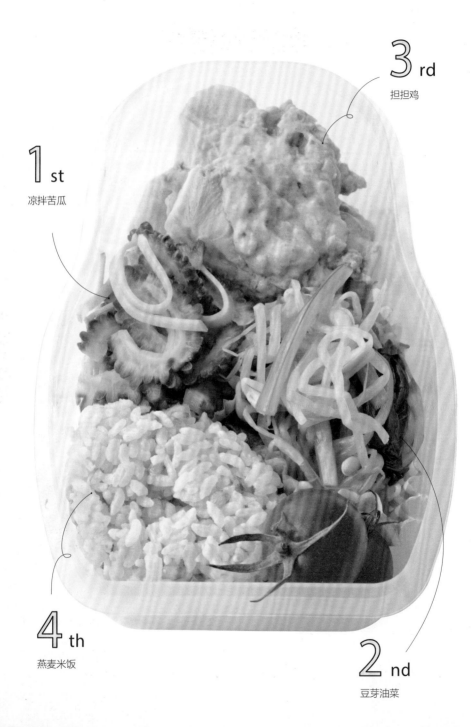

3 rd
担担鸡

1 st
凉拌苦瓜

4 th
燕麦米饭

2 nd
豆芽油菜

╲ 担担鸡便当 ╱

微辣而脆爽的鸡肉美味可口！
地道的传统小菜配以略酸的苦瓜味道更佳。

担担鸡

鸡肉用微波炉烹制。洒上芝麻汤汁营养丰富！
浸透汤汁后，取4~6块摆入便当盒中。

豆芽油菜

轻煮即可。洒上芝麻油，食欲大增。

可选替"酸辣荬瓜" ▶ p.53

凉拌苦瓜

高汤料提味。酸味和苦味中和效果绝佳。

可选替"中式辣白菜" ▶ p.75

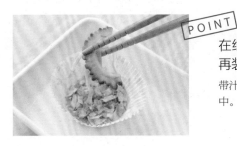

POINT

**在纸杯里铺上干鲣鱼片，
再装小菜！**

带汁的小菜可装入铺有干鲣鱼片的杯
中。干鲣鱼片吸入菜汁，更加提味。

燕麦米饭

燕麦米饭100g（1人份），100ml大
米加入20g燕麦。

品尝顺序

凉拌苦瓜和小番茄
▼
豆芽油菜
▼
担担鸡
▼
燕麦米饭

肉！减肥便当 鸡肉篇

主菜 担担鸡

材料（2 人份）

鸡腿肉…1 条（约 250g）

大葱（切粗末）…1 根

A ┃ 盐、胡椒、酒…各少许
┃ 芝麻…2 小匙

B ┃ 白芝麻末…2 大匙
┃ 醋…1 大匙
┃ 豆瓣酱、味噌…各 2 小匙

豆乳…半杯

做法

1. 将调料 A 加入鸡腿肉搅拌。皮朝下摆入耐热容器中，盖上保鲜膜，微波加热 5 分钟，待其冷却。

2. 将粗葱末和芝麻油倒入平底锅，中火加热。待葱末炒软后加入调料 B 搅拌。再加入豆乳煮沸。

3. 将步骤 1 的食材切成 1cm 条，摆入容器，加入步骤 2 的调料。

 担担鸡便当

副菜 # 豆芽油菜

材料（2人份）

豆芽…1袋

油菜（切成3~4cm长）…半束

A 醋…2大匙
酱油、芝麻油…各1大匙
中式汤粉…1~2大匙

白芝麻末…1~2大匙

做法

1. 用平底锅将水煮沸，加入少许盐（分外量），加入豆芽和油菜，焯水后沥干。

2. 将步骤1的食材装入大盘，洒上调料A搅拌后入盘，再撒上白芝麻末。

冷藏
3~4日

副菜 # 凉拌苦瓜

材料（2人份）

苦瓜…1小根

火腿（切细丝）…4片

A 水…1杯
醋…3大匙
高汤粉…2大匙

做法

1. 将苦瓜劈开然后切成薄片。加⅓小匙盐（分外量）搅拌，5分钟后冲洗，沥水。

2. 将步骤1的食材和火腿丝混合，加入调料A搅拌，入盘。

冷藏
4~5日

9

4th
杂谷米饭

1st
辣腌油菜

3rd
咖喱鸡肉炖番茄

2nd
藕片拌豆渣和生菜

＼ 咖喱鸡肉炖番茄便当 ／

鸡翅肉厚饱满，做成减肥便当绝无仅有。
与嚼劲十足的藕片搭配起来，让人百嚼不厌。

 主菜 咖喱鸡肉炖番茄

用蔬菜里的水分蒸煮，最后加醋更宜存放。
2~3根鸡翅搭配上蔬菜，营养更加丰富。

 副菜 藕片拌豆渣

蛋黄酱拌菜尽显沙拉的口感，令人回味无穷。

可选替"椒丝笋片" ▶ p.75

 副菜 辣腌油菜

用辣根腌制简单易行。隔日食用味道更佳。

可选替"西蓝花沙拉" ▶ p.79

可选替"椒丝笋片" ▶ p.75

可选替"西蓝花沙拉" ▶ p.79

POINT

量少的话用筷子夹，吸干汤汁

如果不喜欢太辣，可以用筷子夹菜，
用厨房纸吸出水分后再装盒。

米饭 杂谷米饭

杂谷米饭100g（1人份），100ml大
米加入20g杂谷。

┌─ 品尝顺序 ─┐

辣腌油菜
▼
藕片拌豆渣和生菜
▼
咖喱鸡肉炖番茄
▼
杂谷米饭

冷藏
4~5日

可冷冻

主菜 咖喱鸡肉炖番茄

材料（2 人份）

鸡翅根…8 根

蟹味菇（掰成小朵）…1 袋

番茄（切块）…1 个

圆葱（扇切）…半个

橄榄油…半大匙

A
咖喱粉、清汤粉…各 1 小匙
盐…¼小匙
胡椒…少许
醋…1 大匙

做法

1. 将橄榄油倒入平底锅，中火加热，倒入鸡翅根，待上色后，翻转，加入蟹味菇、圆葱、番茄。

2. 倒入调料 A，拌炒。然后加盖，用弱中火煮5 分钟。开盖，加醋，炖煮 3~5 分钟，沥干水分，出锅入盘。

咖喱鸡肉炖番茄便当

副菜 藕片拌豆渣

材料（2人份）

莲藕（切片）…1节（约100g）
豆渣…40g
红辣椒（切碎）…1根
蛋黄酱…3大匙
盐、胡椒…各少许

做法

1. 将莲藕切成薄片，在水中浸泡5分钟，然后沥水。
2. 将蛋黄酱和藕片倒入锅中搅拌，开中火至蛋黄酱化开，加入碎辣椒搅拌，最后撒上胡椒和盐，出锅入盘。

冷藏
4~5日

副菜 辣腌油菜

材料（2人份）

油菜（切成3~4cm长）…半束

A | 水…半杯
　 | 日式汤粉…1小匙

B | 酱油…1大匙
　 | 辣根…1大匙

做法

1. 将半小匙盐（分外量）撒入油菜搅拌，5分钟后挤出水分。
2. 将调料A搅拌后倒入耐热容器里，加盖保鲜膜，微波加热30秒后，倒入调料B，搅拌。
3. 将步骤2的调料倒入步骤1的食材中，搅拌，入盘。

冷藏
4~5日

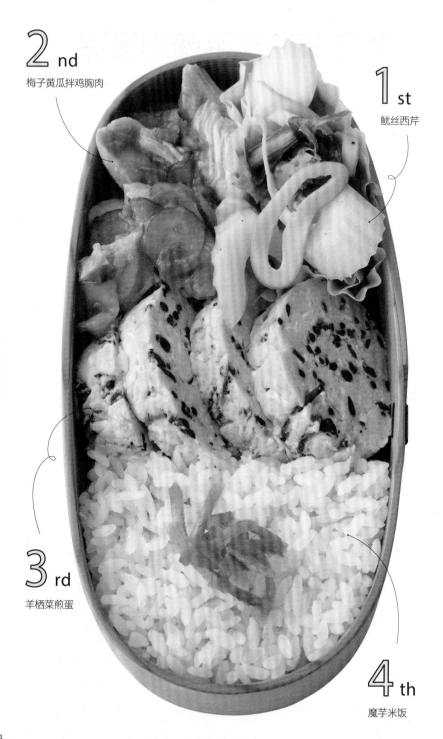

2 nd
梅子黄瓜拌鸡胸肉

1 st
鱿丝西芹

3 rd
羊栖菜煎蛋

4 th
魔芋米饭

＼ 梅子黄瓜拌鸡胸肉便当 ／

淡色的鸡胸肉加上梅干色香味超群。
煎蛋滑爽，西芹清脆。食感绝佳！

主菜 梅子黄瓜拌鸡胸肉

鸡胸肉微波加热后冷却，保持软嫩口感。
冷冻时请将黄瓜挑出。

副菜 羊栖菜煎蛋

煎蛋加入羊栖菜，富含膳食纤维。

可选替 "胡萝卜蛋黄炒金枪鱼" ▶ p.57

POINT

煎蛋装盘前要切分成段

煎蛋平时用锡纸包裹保存。装盘前和
食用前切分宜于保存。

副菜 鱿丝西芹

与熏制鱿鱼搭配，美味无比。

可选替 "辣拌茄子" ▶ p.67

米饭 魔芋米饭

魔芋米饭100g（1人份），100ml 大
米加入 20g 魔芋，也可加入适量的红
姜。

※ 魔芋米是用魔芋加工而成的。超市和健康食
品店均有出售。

肉！减肥便当 鸡肉篇

品尝顺序

鱿丝西芹
▼
梅子黄瓜拌鸡胸肉
▼
羊栖菜煎蛋
▼
魔芋米饭

主菜 梅子黄瓜拌鸡胸肉

材料（2人份）

鸡胸肉…6 块（300g）

梅干（去核）…3 大个

黄瓜（切成小块）…1 根

A｜酒、盐、胡椒…各少许

B｜味淋、酱油…各 2 小匙
　｜芝麻油…1 小匙

做法

1. 将鸡胸肉去筋后装入耐热容器，倒入调料 A 搅拌。加盖保鲜膜，微波 4 分钟，冷却。

2. 将少许盐（分外量）均匀撒到黄瓜块上，5 分钟后挤干水分。

3. 将步骤 1 的食材用手掰碎，与步骤 2 的食材搅拌。加入剁碎的梅干和调料 B，搅拌后入盘。

※ 冷冻时将黄瓜单独分开。

 梅子黄瓜拌鸡胸肉便当

副菜 羊栖菜煎蛋

材料（2人份）

羊栖菜（干燥）…3g
鸡蛋…4个
高汤粉…2大匙
芝麻油…半大匙
醋…半大匙

做法

1. 将干燥的羊栖菜水发后沥水。
2. 将鸡蛋打入步骤1的食材中，加入高汤粉搅拌均匀。
3. 在平底锅里倒入芝麻油，开中火，将步骤2的食材倒入锅中搅拌加热。加醋后沥干水分，用锡纸包裹，放入容器。

冷藏
3~4日

副菜 鱿丝西芹

材料（2人份）

西芹…1根
熏制鱿鱼…20g
柠檬汁…1个（约2小匙）
橄榄油…2小匙

做法

1. 取西芹茎斜切成1cm段，菜叶碎切。
2. 将熏制鱿鱼切丝，和柠檬汁一起倒入步骤1的食材中搅拌，最后倒入橄榄油搅拌，入盘。

冷藏
4~5日

肉！减肥便当

鸡肉篇

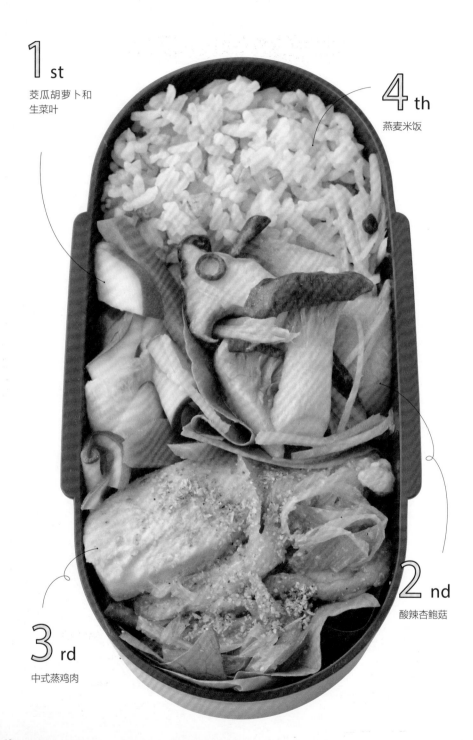

1st
荽瓜胡萝卜和
生菜叶

4th
燕麦米饭

2nd
酸辣杏鲍菇

3rd
中式蒸鸡肉

中式蒸鸡肉便当

不用猪肉就能做出美味的中式便当。
副菜里的姜烧杏鲍菇入味又刺激！

主菜 中式蒸鸡肉

只需在平底锅里加入调料充分蒸煮，鸡胸肉就会变得美味滑嫩！
加入适量葱花更加提味。

装盒前再加一些白芝麻

装盒前在中式蒸鸡肉上再撒上白芝麻
吸收一下汤汁，味道更佳！

副菜 酸辣杏鲍菇

杏鲍菇宜爆炒，口味最佳。

可选替 "藕片培根" ▶ p.67

副菜 荽瓜胡萝卜

生吃荽瓜也美味，低糖蔬菜有益健康。

可选替 "拍黄瓜" ▶ p.37

米饭 燕麦米饭

燕麦米饭100g（1人份），100ml大
米加入20g燕麦。

品尝顺序

荽瓜胡萝卜和生菜叶
▼
酸辣杏鲍菇
▼
中式蒸鸡肉
▼
燕麦米饭

冷藏
4~5日

可冷冻

主菜 中式蒸鸡肉

材料（2人份）

鸡胸肉（切成1cm片）···300g

大葱（斜切成薄片）···半根

芝麻油···半大匙

A | 酒···1 大匙
  | 盐、胡椒···各少许

B | 醋、酱油···各 1 ½ 大匙
  | 味淋···1 大匙

白芝麻末···半大匙

做法

1. 在平底锅里倒入芝麻油、鸡胸肉、大葱，加入调料 A 搅拌，加盖，中火加热。3分钟后翻个，继续加盖，加热 3 分钟。

2. 加入调料 B 搅拌，炒 1~2 分钟，靠干汤汁。入盘，撒上白芝麻末。

中式蒸鸡肉便当

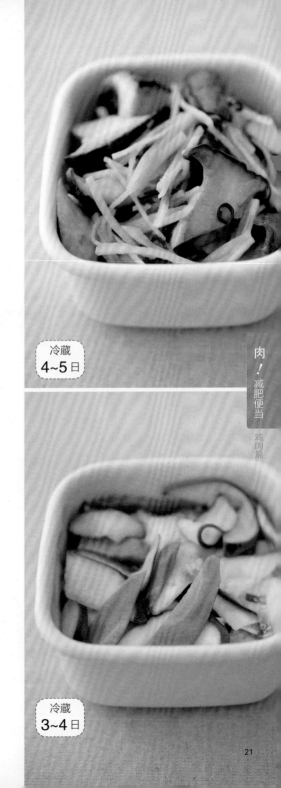

副菜 酸辣杏鲍菇

材料（2人份）

杏鲍菇（切片）…3根
姜（切成细丝）…1块
红辣椒（细丝）…1根
橄榄油…1大匙

A | 醋…1大匙
  | 盐、胡椒、酱油…各少许

做法

1. 在平底锅里倒入橄榄油，中火加热，放入杏鲍菇，不要过分搅拌，待其上色后加入红辣椒丝翻炒。
2. 加入调料A搅拌，炒至水干后入盘。

冷藏
4~5日

副菜 茭瓜胡萝卜

材料（2人份）

茭瓜…1根
胡萝卜…半根

A | 醋…2大匙
  | 清汤粉、盐、胡椒…各少许

做法

1. 茭瓜、胡萝卜竖切两半后斜切成薄片。撒入少许盐（分外量）轻轻揉拌，放置5分钟。
2. 将步骤1的食材清洗挤干水分，加入调料A搅拌。

冷藏
3~4日

肉！减肥便当　鸡肉篇

猪肉篇

pork

4 th

糙米米饭

1 st

德式酸菜

3 rd

猪肉炖豆子

2 nd

西蓝花鸡蛋沙拉

猪肉炖豆子便当

猪肉、豆子、鸡蛋、香肠，一应俱全的商务午餐。
低糖瘦身，可以尽情食用。

主菜 猪肉炖豆子便当

猪肉口感饱满，炖入番茄的汤汁。
装盒时请将豆子嵌入猪肉块之间。

副菜 西蓝花鸡蛋沙拉

做成开盖即拌的沙拉。柠檬更加提味。

可选替"清炒茄丝" ▶ p.61

POINT

开盒即食！
开盖即拌即食的沙拉

如果拌好，不宜久存。分类保存，即
拌即食。

副菜 德式酸菜

包菜加香肠，爽口又饱腹。

可选替"凉拌苦瓜" ▶ p.9

米饭 糙米米饭

糙米米饭100g（1人份），大米与糙
米等量配比。根据个人喜好也可以全
部用糙米。

品尝顺序

德式酸菜
▼
西蓝花鸡蛋沙拉
▼
猪肉炖豆子
▼
糙米米饭

主菜 **猪肉炖豆子**

材料（2人份）

炸猪排用肉（切成2cm块）…2 片

蒸豆（或煮豆）…120g

圆葱（切成1cm块）…半个

番茄（切块）…1 个

橄榄油…半大匙

A 醋…1 大匙

清汤粉…1 小匙

盐、胡椒…各少许

做法

1. 将橄榄油倒入平底锅，开中火，加入猪排肉块。炸至肉块变色，加入蒸豆、圆葱、番茄搅拌。

2. 加入调料 A 搅拌，加盖，以弱中火煮 3 分钟。开盖，中火煮 5 分钟，待靠干汤汁后出锅入盘。

※ 建议使用成品混合蒸杂豆。

 猪肉炖豆子便当

副菜 西蓝花鸡蛋沙拉

材料（2人份）

西蓝花（掰成小朵）…半个

煮鸡蛋…2个

柠檬（切碎）…2片

A ｜ 蛋黄酱…2大匙
｜ 盐、胡椒…各少许

做法

1. 将西蓝花撒上少许盐（分外量），热水焯之，沥干冷却。
2. 将煮蛋剥去蛋壳，用保鲜膜包好。将调料A和碎柠檬搅拌后装入杯中。
3. 将步骤1和步骤2的食材装入容器。

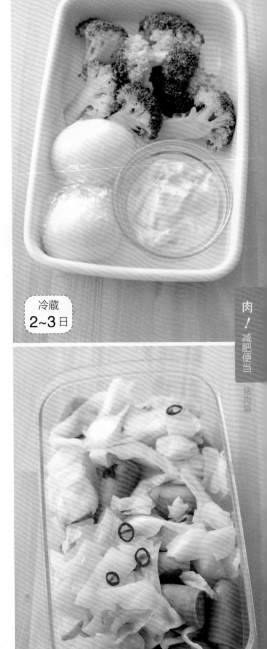

冷藏
2~3日

副菜 德式酸菜

材料（2人份）

包菜（乱切）…¼个

维也纳香肠（切成两半）…6根

红辣椒（切丝）…1根

A ｜ 醋…3大匙
｜ 味淋…1大匙
｜ 盐…少许

做法

1. 将包菜装入耐热盘中，撒上少许盐（分外量），不盖保鲜膜，微波加热1分钟。轻揉后挤干水分。
2. 将维也纳香肠和红辣椒丝以及调料A倒入小锅，开中火加热至沸腾，加入步骤1的食材搅拌，待其冷却后，装入容器。

冷藏
4~5日

2nd
青椒肉卷

1st
果汁小番茄和
莴笋叶

3rd
奶油芝士炖口
蘑和通心粉

青椒肉卷便当

肉卷简单易做!
配上口蘑和青菜便成为美味爽口的便当。

主菜 青椒肉卷

用微波简单易行! 卷上青椒和芝士，美味无比。
加上 3~4 块柠檬，味道更佳。

POINT

沥干青椒中的汁液

青椒容易存汁液，竖起来控出多余的
汁液后再装盒。

副菜 奶油芝士炖口蘑

口蘑富含膳食纤维。特殊的口味更加开胃。

可选替 "梅干芝士炸豆皮" ▶ p.71

副菜 果汁小番茄

便当里只使用小番茄。余料可做成汤。

可选替 "爽口西芹" ▶ p.49

米饭 通心粉

将通心粉 50g（1 人份）煮熟，倒入奶
油芝士炖口蘑。撒上适量洋芹末。

品尝顺序

果汁小番茄和莴笋叶
▼
青椒肉卷
▼
奶油芝士炖口蘑和通心粉

肉
减肥便当
猪肉篇

主菜 青椒肉卷

材料（2人份）

薄切肉片…6片

青椒（对半竖切）…3个

披萨用芝士…30g

盐、胡椒…各少许

柠檬（扇切）…半个

做法

1. 将青椒去种去根，夹上披萨用芝士，用薄肉片卷包。

2. 将步骤1的食材摆入耐热容器中，撒上盐和胡椒。加盖保鲜膜后微波加热3分钟。

3. 冷却后，摆入保存容器，缝隙间加入柠檬块。

青椒肉卷便当

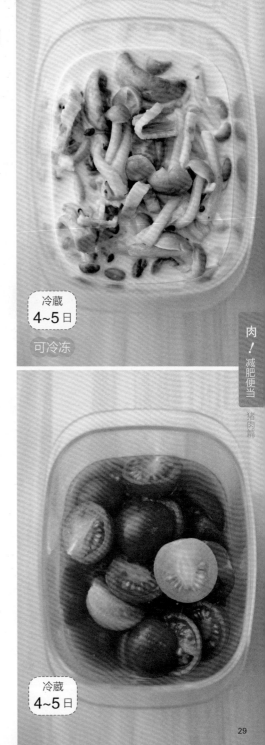

副菜 **奶油芝士炖口蘑**

材料（2 人份）

丛生口蘑（掰成小朵）…半包

口蘑（竖切两半）…6 个

培根（切成细丝）…1 片

奶油芝士（化冻）…40g

橄榄油…半大匙

A｜水…¼杯
　｜盐、胡椒…各少许

做法

1. 将橄榄油倒入平底锅，开中火，加入丛生口蘑、口蘑、培根翻炒。炒软后加入调料 A 搅拌。

2. 取 2 大匙煮汁，加入奶油芝士加热融化后，倒回锅中。再煮 1 分钟，装入保存容器。

冷藏
4~5日

可冷冻

副菜 **果汁小番茄**

材料（2 人份）

小番茄（对切）…12 个

A｜番茄汁（无糖）…半杯
　｜柠檬汁…半个（约 1 大匙）
　｜盐、胡椒…各少许

做法

1. 将调料 A 浇入小番茄，然后装入容器。

冷藏
4~5日

1 st
酸辣白菜

4 th
杂谷米饭

2 nd
鱼子魔芋结

3 rd
肉丸子

＼肉丸子便当／

肉片做丸子，简单易行，信手拈来。
魔芋和白菜搭配成便当，令人胃口大开。

主菜 肉丸子

肉馅儿捏成丸子，个个滚圆。这可是纯肉丸子。
3~4 个裹满芝麻，和芸豆一起装入便当盒。

POINT

肉丸子裹上芝麻口感更佳

肉丸子裹上白芝麻，香味和口感大增。
芝麻可以吸收丸子表面的水分。

副菜 鱼子魔芋结

用关东煮里用的魔芋结，简单易做。

可选替 "酸奶炖茄子番茄" ▶ p.45

副菜 酸辣白菜

白菜揉捏去水后更有味道。关键要挤干水分。

可选替 "酸辣白萝卜" ▶ p.87

米饭 杂谷米饭

杂谷米饭 100g（1 人份），比例为
100ml 大米加入 20g 杂谷。

＿品尝顺序＿

酸辣白菜
▼
鱼子魔芋结
▼
肉丸子
▼
杂谷米饭

冷藏
4~5日

可冷冻

 主菜 **肉丸子**

材料（2人份）

涮肉用肉片…250g

芸豆（斜切成薄片）…6~8根

盐、胡椒…各少许

橄榄油…1小匙

A ┃ 醋…2大匙
┃ 味淋…1大匙
┃ 酱油…1小匙

做法

1. 将盐和胡椒撒入涮肉用的肉片里搅拌后，分成8等份，卷成丸子捏紧。

2. 在平底锅里倒入橄榄油，开中火，加入步骤1的食材。待上色后翻转，使整个丸子均匀上色。

3. 熄火，用厨房纸揩去残渣。再开中火，加入芸豆和调料A，煮1~2分钟，出锅入盘。

肉丸子便当

副菜 鱼子魔芋结

材料（2人份）

魔芋结…6 个
鳕鱼子…1 个（2 条）
芝麻油…半大匙
酒…1 大匙

做法

1. 将鳕鱼子和酒混合搅拌。
2. 在平底锅里倒入橄榄油，开中火，倒入魔芋结翻炒至上色，加入步骤 1 的食材搅拌。沥干水分之后，出锅入盘。

冷藏
4~5日

副菜 酸辣白菜

材料（2人份）

白菜…2 片
盐…半小匙
红辣椒（切细段）…1 根

A ┃ 酒、醋…各少许
┃ 清汤粉…半小匙

做法

1. 将白菜叶切成小块，白菜芯切成 8mm 段。加盐轻揉 2~3 分钟。5 分钟后，挤干水分。
2. 将步骤 1 的食材和红辣椒、调料 A 混合搅拌，入盘。

冷藏
4~5日

2 nd
彩椒拌牛蒡

1 st
拍黄瓜和生菜

3 rd
金针菇炒肉片

4 th
杂谷米饭

＼ 金针菇炒肉片便当 ／

红彩椒丝拌牛蒡配任何小菜都能添彩。
与生菜一起吃，色香味俱全

主菜 金针菇炒肉片

橙醋酱油提味，金针菇美味！
彩椒牛蒡增色添彩，令人胃口大开。

副菜 彩椒拌牛蒡

牛蒡的西式做法，彩椒增色。

可选替 "麻汁豆角" ▶ p.83

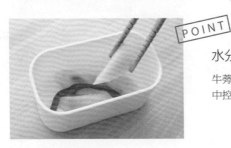

POINT

水分多的装入其他容器中

牛蒡等汁多的食材可单独放入小容器
中控干水分。请选用密闭性好的容器。

副菜 拍黄瓜

最简单的传统菜，洒上芝麻油立马出味。

可选替 "茭瓜胡萝卜" ▶ p.21

米饭 杂谷米饭

杂谷米饭 100g（1 人份），比例为
100ml 大米加 20g 杂谷。

品尝顺序

拍黄瓜和生菜
▼
彩椒拌牛蒡
▼
金针菇炒肉片
▼
杂谷米饭

肉！减肥便当

猪肉篇

主菜 金针菇炒肉片

材料（2人份）

薄猪肉片（切成4cm）…300g

大葱（切成斜片）…半根

金针菇（去根瓣开）…1袋

盐、胡椒…各少许

橄榄油、酒…各半大匙

橙醋酱油…2~3大匙

做法

1. 将大葱、金针菇、薄肉片依次放入平底锅，撒上盐和胡椒，再洒上橄榄油和酒。加盖后中火加热2~3分钟。

2. 开盖，搅拌，加入橙醋酱油翻炒1~2分钟，出锅入盘。

 金针菇炒肉片便当

副菜 彩椒拌牛蒡

材料（2人份）

牛蒡（切成细条）…半根
红彩椒（横切细丝）…60g

A
水…¼杯
醋…2大匙
清汤粉…半小匙
盐、胡椒…各少许

做法

1. 将牛蒡浸泡5分钟后沥干。
2. 锅中加水煮沸，加少许盐，倒入牛蒡煮2分钟。加入黄彩椒丝搅拌后沥干。
3. 将步骤2的食材倒入保存容器，将调料A搅拌后趁热加入即可。

冷藏
4~5日

肉！减肥便当 猪肉篇

副菜 拍黄瓜

材料（2人份）

黄瓜…2根
生姜泥…2撮

A
醋…2大匙
酱油…2小匙
盐…少许

芝麻油…1大匙
白芝麻末…1大匙

做法

1. 将黄瓜拍成碎块，倒入酱油和调料A搅拌。
2. 1分钟后，加入芝麻油和白芝麻末入盘即可。

冷藏
4~5日

2 nd
炖口蘑

4 th
糙米米饭

1 st
辣根芜菁

3 rd
青椒肉片

\ 青椒肉片便当 /

现吃芜菁有嚼头，回味无穷。
增进唾液分泌有助消化。

 主菜 **青椒肉片**

涮肉用的肉片，入锅即熟。
与青椒分开装盒。

POINT

**肉片与青椒分开看似
2道小菜**

把分开装盒一菜多彩的秘笈用于青椒
肉丝恰到好处。

 副菜 **炖口蘑**

煮干水分宜于保存。

可选替 "鱼子魔芋结" ▶ p.33

 副菜 **辣根芜菁**

腌上后第二天入味更佳。

可选替 "辣腌油菜" ▶ p.13

 米饭 **糙米米饭**

糙米米饭100g（1人份），比例可对半，
也可根据个人喜好全部用糙米。

品尝顺序

辣根芜菁
▼
炖口蘑
▼
青椒肉片
▼
糙米米饭

肉！ 减肥便当 猪肉篇

主菜 青椒肉片

材料（2人份）

涮肉用肉片…300g

青椒（切成细丝）…2个

A | 醋…2大匙
  | 酱油…2小匙
  | 豆瓣酱、中式汤粉、芝麻油…
  | 各1小匙

做法

1. 开水煮沸加入少许盐（分外量），倒入肉片和青椒焯水后沥干。

2. 将调料A倒入平底锅，小火加热1分钟。

3. 将步骤1的食材和步骤2的调料混合搅拌后入盘。

青椒肉片便当

副菜 炖口蘑

材料（2人份）

口蘑…12~14 个

橄榄油…1 小匙

A ┃ 水… ¼杯
┃ 清汤粉、盐、胡椒…各少许

柠檬汁…半个（约1小匙）

芝士粉、洋芹末…各适量

做法

1. 将橄榄油和口蘑倒入平底锅，中火翻炒1分钟。加入调料A，用弱中火煮至无汤。

2. 加入柠檬汁，关火。装入保存容器，撒上芝士粉和洋芹末即可。

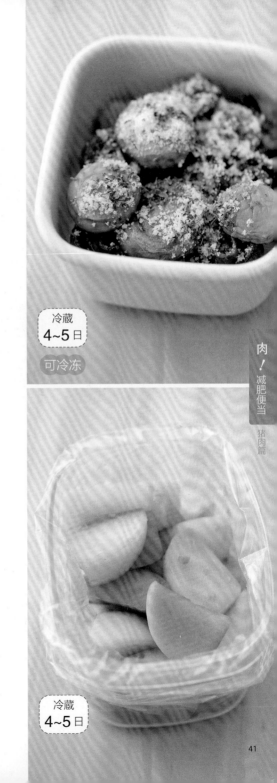

冷藏
4~5日

可冷冻

副菜 辣根芜菁

材料（2人份）

芜菁（扇切）…3 个

A ┃ 醋、酱油…各1大匙
┃ 日式汤粉、芥末酱… 各半小匙
┃ 盐…少许

做法

1. 沸水加少许盐（分外量），倒入芜菁焯水后沥干（半熟即可）。

2. 将步骤1的食材装入塑料袋，加入调料A轻揉。挤出塑料袋中的空气，装入保存容器。

冷藏
4~5日

肉馅儿篇
ground meat

3 rd
烘肉卷

1 st
包菜拌火腿

2 nd
酸奶炖茄子番茄

4 th
意面

＼ 烘肉卷便当 ／

烘肉卷切片配上茄子切片，圆圆的，好看又好吃。
汤料浇意面，美味到底！

 主菜 **烘肉卷**

微波做烘肉卷，简单方便。
切成 3 片再装盒。

 副菜 **酸奶炖茄子番茄**

酸奶酸甜爽口。面包的绝配。

可选替 "酸辣杏鲍菇" ▶ p.21

POINT

代替汤汁浇入意面

可将此道小菜代替汤汁浇入意面。一
举两得，相得益彰！

 副菜 **包菜拌火腿**

火腿拌入包菜，绝对提味。

可选替 "德式酸菜" ▶ p.25

 米饭 **意面**

意面 50g（1 人份）煮熟，浇上酸奶炖
茄子番茄。

肉！减肥便当　肉馅儿篇

> (品尝顺序)
>
> 包菜拌火腿和生菜叶
> ▼
> 酸奶炖茄子番茄
> ▼
> 德式酸菜
> ▼
> 意面

冷藏
4~5日
可冷冻

 主菜 **烘肉卷**

材料（2人份）

肉馅儿（牛猪混合）…200g

红彩椒（切丁）…1个

圆葱（切丁）…⅙个

豆渣…100g

鸡蛋…2个

盐…⅓小匙

胡椒…少许

橄榄油…2小匙

做法

1. 将牛猪混合肉馅儿加入盐充分搅拌，然后将剩余材料全部加入搅拌。倒入大盘敲打，排出肉馅儿内的空气后，分成2等份。

2. 将步骤1食材的一半倒入耐热保鲜膜，卷成棒状，两头封紧，一共做2根。放置3分钟。

3. 装入耐热容器，微波加热4分钟。上下翻转后再加热2分钟。冷却后装入保存容器。装盒前再切分。

  青椒肉片便当

冷藏
4~5日

可冷冻

冷藏
4~5日

副菜 酸奶炖茄子番茄

材料（2人份）

茄子（切成1cm圆片）…3 片

番茄（扇切）…1 个

培根（切成1cm）…1 片

橄榄油…半大匙

A ┤ 盐…¼小匙
　 ├ 胡椒、清汤粉…各少许

B ┤ 原味酸奶（无糖）…2 大匙
　 ├ 咖喱粉…1 小匙

做法

1. 将茄子焯水，沥干。

2. 将橄榄油倒入平底锅，中火加热，倒入茄子、番茄、培根和调料 A，加盖煮 3 分钟。

3. 开盖煮 2~3 分钟收汁，加入调料搅拌，关火，出锅入盘。

副菜 包菜拌火腿

材料（2人份）

包菜（手撕）…¼个

火腿（切丁）…4 片

橄榄油…2 大匙

醋…1 大匙

做法

1. 将包菜装入大盘，撒上少许盐（分外量）揉拌，放置 10 分钟。不盖保鲜膜，微波加热 1 分钟，手揉后沥干水分放回大盘。

2. 将培根和橄榄油倒入小平底锅，用弱中火，待培根炒至酥脆，连同橄榄油一起倒入步骤 1 的食材中。加醋搅拌，出锅入盘。

1 st
爽口西芹和
小番茄

3 rd
松风烧鸡肉
泥糕

2 nd
金针菇拌小油菜

4 th
杂谷米饭

松风烧风味便当

用烤箱太费时，用微波省时省力。
腌菜和西芹口味各异，回味无穷。

 主菜 **松风烧鸡肉泥糕**

只需微波加热即可，时间愈久味道愈浓。
鸡蛋切面尽显鲜嫩，色香美味应有尽有。

POINT

加热后原封保存

加热冷却后原封冷藏，保持形状。食
用前根据胃口切分大小。

 副菜 **金针菇拌小油菜**

焯水后无需沥水，直接冷却保存原味。

可选替 "芦笋香菇" ▶ p.5

 副菜 **爽口西芹**

切成段，浸入味。吃一口，想一口。

可选替 "虾仁小番茄" ▶ p.53

 米饭 **杂谷米饭**

杂谷米饭 100g（1 人份），配比为
100ml 大米加入杂谷 20g。

品尝顺序

爽口西芹和小番茄
▼
金针菇拌小油菜
▼
松风烧鸡肉泥糕
▼
杂谷米饭

肉！减肥便当
肉馅儿篇

冷藏
4~5日

可冷冻

主菜 松风烧鸡肉泥糕

材料（2人份）

鸡肉馅儿…250g

豆渣…50g

鸡蛋（搅拌）…2个

鹌鹑蛋（水煮）…6个

A ｜ 味噌…1大匙（平匙）
｜ 盐、胡椒…各少许

橄榄油…半大匙

做法

1. 将鸡肉馅儿和调料A混合搅拌，加入豆渣和鸡蛋搅拌，再加入橄榄油搅拌。

2. 用橄榄油（分外量）涂抹容器后，倒入步骤1的食材。将鹌鹑蛋均匀埋入抹平表面。

3. 轻轻盖上保鲜膜，微波加热4分钟后冷却。食用前切分。

  松风烧风味便当

副菜 金针菇拌小油菜

材料（2人份）

油菜（切成 3cm 长）…半把

金针菇（去根瓣分）…1 袋

A
醋…1 大匙
中式汤粉…1 小匙
盐、胡椒、酱油…各少许

芝麻油…半大匙

做法

1. 煮沸水加少许盐（分外量），将油菜和金针菇焯水，沥干冷却。

2. 将步骤 1 的食材和调料 A 搅拌，洒上芝麻油，装入保存容器。

冷藏
3~4 日

肉！减肥便当 肉馅儿篇

副菜 爽口西芹

材料（2人份）

西芹茎（切成 3cm 段）…2 根

西芹叶（切碎）…1 根量

姜丝…1 撮

A
醋、酱油…各半杯
清汤粉…1 小匙

做法

1. 将所有食材和调料混合搅拌，装入保存容器。

※ 拌好后，隔日起即可食用。

冷藏
4~5 日

4th

糙米面包

1st

虾仁小番茄

2nd

酸辣茭瓜

3rd

芝士肉丸

芝士肉丸便当

芝士也是一道很好的瘦身小菜。加上肉丸味道更佳。
搭配红绿的副菜，色彩斑斓更显高档。

主菜 芝士肉丸

肉馅儿煮熟加入奶油芝士搅匀，冷却凝固。装盒前，手捏成丸。

奶油芝士要冷却凝固后才能成形

冷却前不易成形，一定要等冷却凝固
之后才能捏丸。冷冻的丸子可以直接
装入便当盒。

副菜 酸辣茭瓜

茭瓜竖切易保存水分和滋味。

可选替"葱香芝士蛋饼" ▶ p.79

副菜 虾仁小番茄

高汤尽显日餐风味。配上生菜叶可成沙拉。

可选替"羊栖菜火腿" ▶ p.83

米饭 糙米面包

将糙米面包（1人份）切成两半，约
50g。

> 品尝顺序
>
> 虾仁小番茄和生菜叶
> ▼
> 酸辣茭瓜
> ▼
> 芝士肉丸
> ▼
> 糙米面包

肉！减肥便当
肉馅儿篇

主菜 # 芝士肉丸

材料（2人份）

鸡肉馅儿…200g

奶油芝士…60g

柠檬汁…半个量（约1大匙）

做法

1. 将奶油芝士化开，加入柠檬汁搅拌。

2. 水加少许盐（分外量）煮沸，加入鸡肉馅儿边搅边煮，待肉变色后，捞出沥干。

3. 将步骤2的食材倒入步骤1的食材之中搅拌均匀，装入保存容器，放入冰箱冷冻后分成8等份，捏成丸子。

※ 先捏成丸子后再冷冻。可将冷冻丸子直接装入便当盒。

※ 也可以不捏丸，直接配面包食用。

  芝士肉丸便当

副菜 **酸辣茭瓜**

材料（2人份）

茭瓜…1根

A | 红辣椒（切丝）…1根
　 | 橙醋酱油、水…各¼杯

橄榄油…1大匙

做法

1. 将茭瓜切成3cm段，竖切成4等份。冲洗沥水。
2. 将调料A倒入保存容器。
3. 将橄榄油倒入平底锅中，中火加热，倒入茭瓜翻炒。待上色后倒入步骤2的容器中。

冷藏 4~5日

副菜 **虾仁小番茄**

材料（2人份）

虾仁（盐水煮过）…2~10个

小番茄（对半竖切）…6个

圆葱（切成薄片）…¼个

A | 高汤粉…2大匙
　 | 醋…1大匙
　 | 橄榄油…半大匙
　 | 盐、胡椒…各少许

做法

1. 将圆葱撒上少许盐（分外量）揉拌，5分钟后冲洗沥水。
2. 将虾仁、小番茄和调料A倒入步骤1的食材中搅拌后，装入保存容器。

冷藏 4~5日

鸡肉饭团便当

饭团 6 个！胃口有这么大吗？
肉馅儿和豆渣制作的饭团，口味绝佳。

主菜 鸡肉饭团

嫩煎或者微波加热，味道各异。
个数可随意增减，吃饱为止。

副菜 胡萝卜蛋黄炒金枪鱼

用鸡肉饭团剩下的蛋黄做成这道冲绳名
菜，配上胡萝卜更上档次。

可选替 "味噌茄子炒灯笼椒" ▶ p.87

副菜 彩椒青梗菜

青梗菜加热久了之后会褪色，但味道更佳。

可选替 "鱿丝西芹" ▶ p.17

米饭 饭团

燕麦饭团 100g（1 人份），做成两个，
外包烤海苔。

品尝顺序

彩椒青梗菜
▼
胡萝卜蛋黄炒金枪鱼
▼
鸡肉饭团
▼
饭团

POINT

捏鸡肉饭团要注意大小

鸡肉饭团要捏得大小形状一致。其中
可做 2 个包梅子的。

55

主菜 鸡肉饭团

材料（2人份）

鸡肉馅儿…350g

豆渣…100g

蛋清…1个量

盐…半小匙

A 橄榄油…1小匙
清汤粉、胡椒…各少许

烤海苔（切成8等份）…1张

芝麻油…⅓大匙

做法

1. 将鸡肉馅儿加盐搅拌，加入豆渣、蛋清和调料A搅拌，分成8等份，做成饭团形状。

2. 将保鲜膜铺入耐热容器，将步骤1的食材的一半包上烤海苔，轻轻盖上保鲜膜，微波加热4分钟。揭开保鲜膜使之冷却。

3. 将剩余的步骤1的食材包上烤海苔摆入抹过芝麻油的平底锅，中火加热2分钟。翻转，加盖，用弱中火加热4~5分钟即可。

 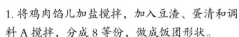鸡肉饭团便当

副菜 胡萝卜蛋黄炒金枪鱼

材料（2人份）

金枪鱼罐头（油浸）…1 罐

胡萝卜（切丝）…1 小根

圆葱（切成薄片）…¼个

蛋黄…1 个量

橄榄油…1 小匙

盐、胡椒…各少许

做法

1. 在平底锅里加入橄榄油，开中火，加入胡萝卜、圆葱翻炒。

2. 将金枪鱼罐头（去油）和蛋黄搅拌后倒入步骤 1 的食材中。待汤汁靠尽后，撒入盐和胡椒，出锅入盘。

冷藏
3~4日

可冷冻

副菜 彩椒青梗菜

材料（2人份）

青梗菜…2 小棵

彩椒（薄片）…1 个

A |　水…半杯
　|　醋…2 大匙
　|　盐、胡椒…各少许

做法

1. 将调料 A 倒入小锅中，开中火，稍沸即止，关火，倒入保存容器。

2. 将青梗菜的茎和叶分开，叶切碎，茎扇切。和彩椒一并放入开水中焯一下后（30秒）沥干冷却。

3. 将步骤 2 的食材倒入步骤 1 的调料中搅拌。

冷藏
3~4日

2 nd
清炒茄丝

3 rd
脆炸饺子

1 st
香辣秋葵

4 th
杂谷米饭

脆炸煎饺便当

看似豆皮寿司，实际是饺子味儿。
油炸的，好吃还无糖。搭配任何小菜都 OK。

 主菜 ## 脆炸煎饺

面粉饺子皮含糖量高，以油炸豆皮取而代之。
肉馅儿鲜美，蘸调料吃更美味。

POINT

准备好用小盘子调料

食用前用小盘子装上酱油醋，蘸着吃
更美味。

 副菜 ## 清炒茄丝

茄丝好吃又好看，关键是醋更提味。

可选替 "彩椒拌牛蒡" ▶ p.37

 副菜 ## 香辣秋葵

秋葵富含黏液，入味后更佳。

可选替 "酸辣黄瓜" ▶ p.71

 米饭 ## 杂谷米饭

杂谷米饭 100g（1 人份），比例为
100ml 大米加入 20g 杂谷。

品尝顺序

香辣秋葵
▼
清炒茄丝
▼
脆炸煎饺
▼
杂谷米饭

肉！减肥便当
肉馅儿篇

59

主菜 脆炸煎饺

材料（2人份）

猪肉馅儿…200g

大葱（粗末）…半根

鸡蛋…1个

炸豆皮（寿司用）…8个量

盐、胡椒…各少许

芝麻油…半大匙

做法

1. 将盐、胡椒加入猪肉馅儿中搅拌后，再加入葱末、鸡蛋搅拌。最后加入芝麻油搅拌后，分成8等份。

2. 将步骤1的食材塞入炸豆皮中后封口。做法同豆皮寿司。

3. 在平底锅里倒入1小匙芝麻油（分外量），将步骤2的食材并排摆入锅中，用弱中火加热。待上色后，翻转，加盖再加热5~6分钟，出锅入盘。

※ 食用时，可蘸醋酱油或辣油。

 脆炸煎饺便当

副菜 清炒茄丝

材料（2人份）

茄子（切细丝）…4 个
芝麻油…1 大匙

A
酒、醋…各 1 大匙
盐…⅓小匙
胡椒…少许

做法

1. 将茄丝用水浸泡 5 分钟，沥水。
2. 将芝麻油倒入平底锅，开强中火，待油热后将步骤 1 的食材倒入翻炒 1~2 分钟。
3. 加入调料 A 炒至无汁，出锅入盘。

冷藏
4~5 日

副菜 香辣秋葵

材料（2人份）

秋葵…8 根

A
味淋…1 大匙
芝麻油…2 小匙
味噌、豆瓣酱…各 1 小匙
盐…少许

做法

1. 在沸水里加入少许盐（分外量），将秋葵焯水后沥水冷却，切成 1cm 斜块。
2. 将调料 A 倒入小平底锅，开小火搅拌均匀，待出香味后关火，加入步骤 1 的食材搅拌后，出锅入盘。

冷藏
3~4 日

"冷冻秘笈" 制作豪华便当

　　本书中的主菜都是可以冷冻的。分开冷冻，吃起来简单便捷。用微波炉解冻或加热一下便成了便当小菜，简直堪比名店松花堂的名吃。副菜配上生菜叶，轻轻松松就成了色香味俱全的美味便当！

装入冷藏用的小纸碗，1口1份，装入保存容器易于冷藏。

"稍加冷冻"边边角角都能利用。把冷冻的小菜装入便当，等吃的时候就会自然解冻。

饭团棒 / 姜烧三文鱼 / 西蓝花沙拉 / 担担鸡 / 松风烧鸡肉泥糕 / 炸鸡和小番茄 / 梅子黄瓜拌鸡胸肉 / 香烤三文鱼 / 烘肉卷 / 芝士肉丸

part 2

海鲜！减肥便当

海鲜类
seafood

1 st
辣拌茄子

3 rd
姜烧三文鱼

2 nd
藕片培根

4 th
杂谷米饭

姜烧三文鱼便当

三文鱼富含抗老化效果的虾青素。
藕片白，茄子紫，色彩斑斓。

主菜 姜烧三文鱼

生姜不仅可以烧肉。醋既可上色又可保鲜。
1 个切块，就能做出 1 份便当。

副菜 藕片培根

低糖，回避甜味，只用盐。培根也是关键。

可选替 "豆芽油菜" ▶ p.9

POINT

藕片大小要统一

莲藕的粗细有差异。细的整个切片即
可，粗的切成半月片易于装盒。

副菜 辣拌茄子

茄子挤干水分，柔韧耐嚼，增进食欲。

可选替 "辣根芜菁" ▶ p.41

米饭 杂谷米饭

杂谷米饭 100g（1 人份），比例 100g
大米加入 20g 杂谷。

海鲜！减肥便当

品尝顺序

辣拌茄子和生菜叶
▼
藕片培根
▼
姜烧三文鱼
▼
杂谷米饭

主菜 姜烧三文鱼

材料（2人份）

生三文鱼（切成3~4cm）…二切块
圆葱（切成薄片）…半个
橄榄油…半大匙
盐、胡椒…各少许

A 生姜泥…2撮
酒、酱油、味淋、醋…
各1大匙

做法

1.将橄榄油倒入平底锅，开中火，摆入三文鱼，撒上盐和胡椒。待上色后翻转，撒上圆葱片，加入调料A。

2.加盖，开弱中火，蒸1分钟后开盖，翻炒靠干汤汁。装入保存容器。

 姜烧三文鱼便当

副菜 藕片培根

材料（2人份）

莲藕（切片）…1 节

厚片培根（切丝）…1 片

红辣椒（切丝）…1 根

橄榄油…半大匙

A 醋…1 大匙

　盐、胡椒、清汤粉…各少许

做法

1. 将藕片浸泡 5 分钟，沥水。

2. 在平底锅内倒入橄榄油和藕片，开中火，待藕片炒透之后，加入培根和红辣椒丝，翻炒。

3. 加入调料 A 翻炒，沥干水分，装入容器。

冷藏
4~5 日

副菜 辣拌茄子

材料（2人份）

茄子（切成半月薄片）…3 小根

A 醋…1 小匙

　酱油…1 小匙

　豆瓣酱、芝麻油…各半小匙

　中式汤粉…少许

做法

1. 将¼小匙盐（分外量）撒入茄子，用手揉搓。5 分钟后冲洗沥水。

2. 加入调料 A 搅拌后装入容器。

冷藏
4~5 日

海鲜！减肥便当

1 st
酸辣黄瓜

4 th
杂谷米饭

3 rd
香烤三文鱼

2 nd
梅干芝士炸豆皮

香烤三文鱼便当

具有杀菌效果的咖喱粉配上梅干和芥末，三味俱全的美味便当。
鱼类便当，饱饱满满。

主菜 香烤三文鱼

能提高新陈代谢的咖喱粉，提味三文鱼。芝麻增加营养价值。1
个切块加香菇即可。

副菜 梅干芝士炸豆皮

梅干配芝士，天然绝配！是最佳的下酒菜。

可选替"奶油芝士炖蘑菇" ▶ p.29

副菜 酸辣黄瓜

只用橙醋酱油和芥末，绝对美味！

可选替"七彩椒丝" ▶ p.5

POINT

块状袋装腌菜

黄瓜块装入塑料袋，直接腌制。袋口
扎紧（或不扎），装入容器随吃随取。

米饭 杂谷米饭

杂谷米饭100g（1人份），比例
100ml大米加入20g杂谷。

品尝顺序

酸辣黄瓜
▼
梅干芝士炸豆皮
▼
香烤三文鱼
▼
杂谷米饭

海鲜！减肥便当

冷藏
4~5日

可冷冻

主菜 香烤三文鱼

材料（2人份）

生三文鱼（切成大块）…2切块

香菇（竖切两半）…4个

A 橄榄油…2小匙
咖喱粉…1小匙
盐、粗磨黑胡椒…各少许

白芝麻末…1大匙

做法

1. 将生三文鱼和香菇用调料 A 搅拌，10 分钟后撒上芝麻末。

2. 将保鲜膜铺到平底锅里，将步骤 1 的食材摆入。开中火，加热 5 分钟，翻过来用弱中火，盖上保鲜膜，加盖后再加热 3~5 分钟。最后撒上粗磨黑胡椒（分外量），装入保存容器。

※ 烤箱预热到 180℃之后加热 15 分钟。

香烤三文鱼便当

副菜 梅干芝士炸豆皮

材料（2人份）

炸豆皮…2 张
梅干（去核）…2 个
披萨用芝士…40g

做法

1. 将炸豆皮侧面切口涂上梅干，贴上披萨用芝士压紧。
2. 用烤箱烤 6 分钟。冷却后切成合适大小，装入保存容器。

冷藏
4~5日

可冷冻

海鲜！减肥便当

副菜 酸辣黄瓜

材料（2人份）

黄瓜（切块）…2 根
黄芥末…半小匙
橙醋酱油…2 大匙

做法

1. 将黄瓜装入塑料袋，加入黄芥末，轻揉均匀。加入橙醋酱油，挤干空气，封紧袋口，装入保存容器。

冷藏
4~5日

4th
鸡蛋饭团

1st
中式辣白菜

3rd
味噌旗鱼

2nd
椒丝笋片
和生菜叶

味噌旗鱼便当

加入炖旗鱼，即成富含膳食纤维的便当。
慢慢品味，回味绵长。

主菜 味噌旗鱼

呈淡白色的关键是撒了白芝麻，炖鱼极品。
去掉汤汁，装入 1 片即成便当。

副菜 椒丝笋片

沥干水分，易于保存。

可选替 "金针菇拌小油菜" ▶ p.49

副菜 中式辣白菜

中式辣白菜口味偏甜，洒上料酒去除糖分。

可选替 "酸辣白菜" ▶ p.33

POINT

配上干鲣鱼片吃辣白菜

辣白菜多汁，配上干鲣鱼片更好吃，
更提味。

米饭 鸡蛋饭团

糙米米饭 100g（1 人份），内
包 1 个煮鸡蛋，外裹盐末烤
海苔。根据饭量调整大小。

品尝顺序

中式辣白菜
▼
椒丝笋片和生菜叶
▼
味噌旗鱼
▼
鸡蛋饭团

 味噌旗鱼

冷藏
4~5日

可冷冻

材料（2人份）

旗鱼（切块）…2 片切

丛生口蘑（瓣成小瓣）…半袋

圆葱（横切 8mm 薄片）…半个

A｜水…半杯
　｜日式汤粉…1 小匙

B｜白芝麻末…1~2 大匙
　｜盐…少许

做法

1. 锅中倒入调料 A，中火加热煮沸后，加入调料 B，搅拌至其充分混合。

2. 加入旗鱼、口蘑、圆葱，加盖后以弱中火煮 5 分钟。开盖，翻转，搅拌，再煮 1 分钟。出锅入盘。

 味噌旗鱼便当

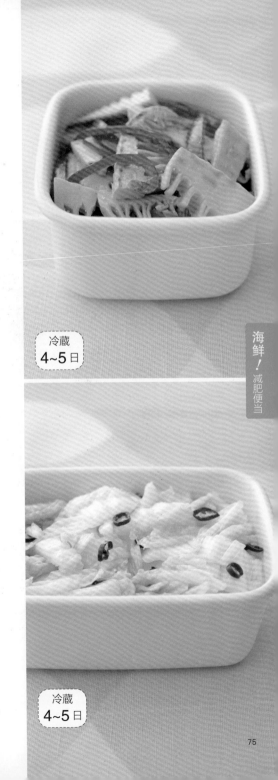

副菜 椒丝笋片

材料（2人份）

水煮笋（切薄片）…200g

红彩椒（切细丝）…1个

橄榄油…半大匙

A 　醋…1大匙
　　酱油…1小匙
　　盐、胡椒…各少许

做法

1. 将橄榄油倒入平底锅，开中火，加入水煮笋，炒5分钟。

2. 待竹笋上色后，加入红彩椒。加入调料A搅拌，沥干后，关火，出锅入盘。

冷藏
4~5日

副菜 中式辣白菜

材料（2人份）

白菜…2片

红辣椒（切丝）…1根

A 　醋…1大匙
　　料酒…1大匙
　　盐…少许

芝麻油…2大匙

做法

1. 将白菜对半竖切后，再切成5mm的条。加入⅓小匙盐（分外量）搅拌。5分钟后挤干水分，加入红辣椒和调料A搅拌。

2. 将芝麻油倒入小平底锅，开中火加热至油近冒烟，加入步骤1的食材搅拌后，出锅入盘。

冷藏
4~5日

海鲜！减肥便当

75

4 th
燕麦米饭

1 st
西蓝花沙拉

2 nd
葱香芝士蛋饼

3 rd
蛋黄酱大虾

＼ 蛋黄酱大虾便当 ／

便当加大虾，高档。
配上西蓝花，奢华。

主菜 蛋黄酱大虾

选用无糖蛋黄酱。姜丝提味。
3~4 只大虾配上荷兰豆足矣。

副菜 葱香芝士蛋饼

芝士加葱烧，香甜可口。

可选替"羊栖菜煎蛋" ▶ p.17

副菜 西蓝花沙拉

西蓝花加味易变颜色，淳朴清淡是根本。

可选替"包菜拌火腿" ▶ p.45

POINT

西蓝花可做米饭的间隔

清淡的西蓝花，可作为便当的隔断，
把米饭和小菜间隔开来。

米饭 燕麦米饭

燕麦米饭100g（1人份），比例为
100ml 加入燕麦 20g。
※ 燕麦在超市或米店有售。

品尝顺序

西蓝花沙拉
▼
葱香芝士蛋饼
▼
蛋黄酱大虾
▼
燕麦米饭

主菜 蛋黄酱大虾

材料（2人份）

大虾（带皮）…8只

荷兰豆（去蒂）…8根

生姜（切成细丝）…1撮

A | 酒…1大匙
  | 盐…少许

橄榄油…1小匙

酱油…1小匙

蛋黄酱…2大匙

做法

1. 剥去虾壳，去除背线，洗净揩干。

2. 用平底锅煮沸水，加入调料 A。加入步骤 1 的食材，待虾变色之后，加入荷兰豆搅拌，出锅沥水。

3. 将橄榄油和姜丝倒入空锅，开中火，加入步骤 2 中的大虾，翻炒 1~2 分钟。再加入荷兰豆和蛋黄酱，翻炒 2 分钟，出锅入盘。

 蛋黄酱大虾便当

副菜 葱香芝士蛋饼

材料（2人份）

大葱（斜切）…半根

红彩椒（横切细丝）…半个

鸡蛋…4个

披萨用芝士…40~60g

橄榄油…半大匙

A｜盐、胡椒、清汤粉…各少许

做法

1. 将橄榄油倒入平底锅，开中火，加入大葱和红彩椒炒软，加入调料A翻炒。

2. 加入鸡蛋，用铲子翻炒，摊平。加入芝士，翻转烤2分钟。冷却后切分，装入保存容器。

冷藏
4~5日

可冷冻

海鲜！减肥便当

副菜 西蓝花沙拉

材料（2人份）

西蓝花（掰成小朵）…半个

　｜柠檬汁…半个量（约1小匙）

A｜橄榄油…半大匙

　｜盐、胡椒…各少许

做法

1. 在沸水中加入少许盐（分外量），加入西蓝花煮2分钟，沥干冷却。

2. 将步骤1的食材和调料A混合搅拌，装入保存容器。

冷藏
3~4日

可冷冻

1 st

羊栖菜火腿和生菜叶

2 nd

麻汁豆角

3 rd

辣酱鳕鱼

4 th

饭团棒

辣酱鳕鱼便当

便当里酱油的红色燃起激情。
搭配上其他小菜平衡其味，食欲倍增。

主菜 辣酱鳕鱼

用成品辣酱油，简单易做。配上大虾或贝类也可。
1块洒上辣酱油即可装盒。

副菜 麻汁豆角

将白芝麻粉加入蛋黄酱，饱满又提味。

可选替"西蓝花鸡蛋沙拉" ▶ p.25

副菜 羊栖菜火腿

钙质丰富的羊栖菜，味道清淡爽口开胃。

可选替"彩椒青梗菜" ▶ p.57

POINT

与生菜叶同吃，口感犹如沙拉

拌菜下铺生菜能有效保持水分。浇上
沙拉调料汁的话，可以品尝到沙拉的
口感。

米饭 饭团棒

燕麦米饭100g（1人份），做成棒状，
蘸上芝麻盐，用保鲜膜包裹即可。

品尝顺序

羊栖菜火腿和生菜叶
▼
麻汁豆角
▼
辣酱鳕鱼
▼
燕麦米饭

冷藏
3~4 日

可冷冻

主菜 **辣酱鳕鱼**

材料（2人份）

鳕鱼（切半）…1 切块

大葱（斜切薄片）…半根

番茄（扇切）…1 个

A｜酒、盐、胡椒…各少许

芝麻油…半大匙

B｜番茄酱…2 大匙
　｜豆瓣酱、中式汤粉…各 1 小匙

醋…1 大匙

做法

1. 将鳕鱼抹上调料 A，5 分钟后揩干水分。

2. 将芝麻油倒入平底锅，中火加热，摆入鳕鱼。待上色后翻转，加入大葱、番茄和调料 B，盖锅以弱中火加热 2 分钟。

3. 开盖，均匀洒上醋后再煮 3 分钟。撒上盐和胡椒各少许（分外量），装入保存容器。

辣酱鳕鱼便当

副菜 麻汁豆角

材料（2人份）

豆角（切成2cm段）…10~12 根

A
蛋黄酱…2 大匙
白芝麻末…1 大匙
黄芥末、酱油、盐…各少许

做法

1. 将豆角装入耐热容器，轻盖保鲜膜，微波加热 1 分钟，沥水。
2. 将步骤 1 的食材和调料 A 混合搅拌后装入保存容器。

冷藏
3~4 日

海鲜！减肥便当

副菜 羊栖菜火腿

材料（2人份）

羊栖菜（干燥）…3g

火腿（切丝）…4 片

圆葱（切成薄片）…半个

A
醋…2 大匙
味淋…半大匙
酱油、橄榄油…各 1 小匙
盐、胡椒…各少许

做法

1. 将羊栖菜水发后沥水。将¼小匙盐（分外量）撒入圆葱揉拌，5 分钟后用清水洗净，沥干水分。
2. 将步骤 1 的食材和调料 A 混合搅拌，装入保存容器。

冷藏
4~5 日

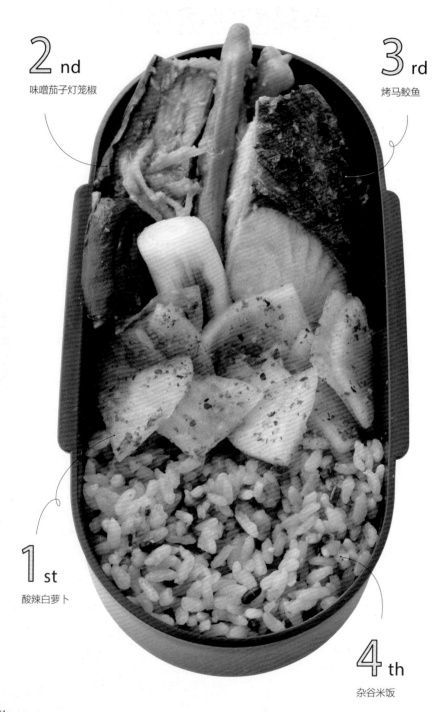

2 nd
味噌茄子灯笼椒

3 rd
烤马鲛鱼

1 st
酸辣白萝卜

4 th
杂谷米饭

＼ 烤马鲛鱼便当 ／

传统便当，温情亲切。
可以选替烤三文鱼或烤鸡肉试试。

主菜 烤马鲛鱼

汁烤入味，回味悠长，是典型的日式名菜。
去汁，大块的切半，装入便当盒。

边吸汁边切

鱼块大的话，不便装盒，必须切分。
垫在厨房纸上切，同时就能吸汁。

副菜 味噌茄子灯笼椒

料酒能将甜味降至最低。蔬菜的味道更加浓郁。

可选替"藕片拌豆渣" ▶ p.13

副菜 酸辣白萝卜

富含白萝卜酵素。辣味用七味辣椒粉调制。

可选替"香辣秋葵" ▶ p.61

米饭 杂谷米饭

杂谷米饭100g（1人份），比例为
100ml大米加入20g。

品尝顺序

酸辣白萝卜
▼
味噌茄子灯笼椒
▼
烤马鲛鱼
▼
杂谷米饭

海鲜！减肥便当

主菜 烤马鲛鱼

材料（2人份）

马鲛鱼…2切块

大葱（切成3cm段）…半根

A
| 芝麻油…1小匙
| 盐、胡椒…各少许

B
| 水…1杯
| 高汤粉…2大匙
| 醋…1大匙

做法

1. 将调料 A 抹满马鲛鱼，放在锡纸上，填上大葱，放入烤箱烤8~10分钟。

2. 先将调料 B 倒入保存容器搅拌后，加入步骤 1 的食材。

※ 烤的过程中，如有焦糊注意加盖锡纸。

※ 也可用烧烤网烤。请尽量选用自动模式。

烤马鲛鱼便当

副菜 味噌茄子灯笼椒

材料（2人份）

茄子（切成4等份）…4 小根

灯笼椒（对半斜切）…8 根

生姜（细丝）…1 撮

芝麻油…1 大匙

A | 味噌、味淋、酒…各半大匙

做法

1. 将茄子浸泡 5 分钟，揩干水分。
2. 将芝麻油倒入平底锅，开中火，加入步骤 1 的食材翻炒。炒软后加入灯笼椒、姜丝和调料 A 翻炒至无汁。装入保存容器。

冷藏
3~4 日

可冷冻

海鲜！减肥便当

副菜 酸辣白萝卜

材料（2人份）

白萝卜（扇切）…6cm

醋…1 大匙

日式汤粉…半小匙

七味辣椒粉…适量

做法

1. 将¼小匙盐撒入白萝卜，清水洗净，挤干水分。
2. 将醋和日式汤粉倒入步骤 1 的食材搅拌。进味后，再撒上少许盐调味，撒上七味辣椒粉搅拌后，装入保存容器。

冷藏
4~5 日

调料汁也尽显美味!

　　便当装点的生菜叶可以跟副菜一起吃掉。生菜叶多的时候，可以亲手做些调料汁佐餐。当然，平时吃饭也可以配合沙拉食用！所有调料汁一般只能保存两个星期。有时间的话，可以预先做出来，低糖又无任何添加物，配上新鲜蔬菜，口味绝佳！

番茄醋调味汁	高汤调料汁	柠檬酱油调味汁
■材料和做法（180ml）	■材料和做法（180ml）	■材料和做法（180ml）
将1个番茄擦成泥，装入耐热容器，倒入3大匙醋、⅓小匙盐和少许胡椒。搅拌均匀后，开着盖微波加热30秒。加入2大匙橄榄油，装入保存容器，放入冰箱冷藏。	将高汤粉、水、醋各4大匙，和柚子胡椒1小匙倒入杯中搅拌均匀。加入2大匙芝麻油，搅拌后装入保存容器，装入冰箱冷藏保存。	将酱油、柠檬汁各¼杯、1大匙水、1小匙日式汤粉、1大匙味淋，倒入耐热杯搅拌均匀。开着盖微波加热30秒后，倒入2大匙橄榄油，装入保存容器，放入冰箱冷藏。

　将调料汁充分搅拌，仔细倒入小杯中。装入配有沙拉的便当中，即可食用。

单品!减肥便当

part 3

煮鸡蛋一切两半摆在中央，撒上洋芹末，尽显豪华!

MEMO

分成单人份冷冻保存很方便（保存期最长 3个月）。可以用香菇代替丛生口蘑。

冷藏
3~4日

可冷冻

咖喱烩饭便当

单品便当是小菜和米饭的完美搭配，
2 人份的米饭 180g 即可吃得圆圆满满！

咖喱烩饭

材料（2 人份）

热米饭…1 碗（约 180g）

猪肉馅儿…200g

丛生口蘑（切成大粒）…1 袋

胡萝卜（切成大粒）… ⅓ 根

圆葱（切成大粒）… ¼ 个

橄榄油…半大匙

A 　咖喱粉…2 小匙
　　清汤粉…1 小匙
　　盐、胡椒、大蒜粉…各少许

做法

1. 将橄榄油和猪肉馅儿倒入平底锅，开中火，搅拌翻炒。加入口蘑、胡萝卜和圆葱翻炒，加入调料 A 翻炒。

2. 加入热米饭翻炒。最后均匀撒上盐和胡椒各少许（分外量），按单人份饭量分别放入保存容器。

肉馅儿是正常分量的 2 倍。关键是肉馅儿蓬松且无糖。

另一种蓬松材料是丛生口蘑。切成大粒，口感饱满！使用其他种类的香菇也 OK！

水菜最后再加，最大限度保存其脆生劲儿。

MEMO

三文鱼可以选用红三文鱼（甜咸味）。注意控制盐。可用 2片生菜代替水菜。

冷藏
3~4日

可冷冻

＼ 三文鱼炒饭便当 ／

吃烤三文鱼便当，饱食美味炒饭。
用煎锅烤三文鱼方便简单。

三文鱼炒饭

材料（2人份）

热米饭…1碗（约180g）

生三文鱼…2切块

鸡蛋…2个

大葱（斜切薄片）…半根

香菇（切成薄片）…2个

水菜（切成1cm段）…2棵

芝麻油…1小匙

中式汤粉…1小匙

酱油…1~2小匙

盐、酱油…各少许

做法

1. 将盐和酱油各少许（分外量）抹到三文鱼上，5分钟后揩干水分。

2. 将橄榄油倒入平底锅，开中火，摆入步骤1的食材。反正面都煎透后，用铲子捣成大块。

3. 加入大葱和香菇，再放入米饭和鸡蛋翻炒至米饭成散粒状，加入中式汤粉和酱油搅拌。

4. 最后加入水菜翻炒，撒上盐和胡椒，分成单人份，装入保存容器。

蓬松的材料是香菇、大葱和水菜。切成大块，显得饱满丰富。

三文鱼2人份用2片切即可。先用平底锅煎烤，再用铲子捣成大块。不愿用煎锅的话，可将锡纸铺入盘子煎烤，出炉后再捣成大块。

饱饱满满!
意面的量每人 50g。

MEMO

意面添加杏鲍菇，蓬松饱满，无论配什么味都 OK。配上肉酱也美味。

冷藏
3~4日

可冷冻

\ 培根蛋面便当 /

加入鸡蛋和培根的意面。做成便当，一定要充分加热。
根据个人喜好可以加 4 大匙生奶油，味道更浓。

三文鱼炒饭

材料（2 人份）

意面…100g

厚切培根（切成 5mm 条）…1 片

杏鲍菇（撕成竖丝）…4 根

秋葵（竖切 4 等分）…6 根

A | 鸡蛋…3 个
  | 芝士粉…2 大匙

橄榄油…半大匙

黑胡椒颗粒…适量

做法

1. 将意面泡入 1 升水中，加入 1 小匙盐（分外量），按包装袋上的指示时间煮。

2. 将橄榄油倒入平底锅，开中火，翻炒培根。加入 1 大勺步骤 1 的煮汤。煮沸后加入杏鲍菇和秋葵。沥干后关火，加入调料 A 充分搅拌。撒上少许盐（分外量）调味。

3. 将煮熟的步骤 1 的食材加入步骤 2 的食材中搅拌。开中火，再煮 1~2 分钟，分成单人份，撒入黑胡椒颗粒。

单品！减肥便当

杏鲍菇是意面蓬松的关键。竖着撕成丝，最美观最出味。

将干意面先掰成两半再煮。煮起来方便，装盒也容易。

毫不费劲儿加一份儿蔬菜沙拉，能摄取更多的酵素！

MEMO

将下一页材料中的"水煮章鱼、番茄、圆葱、口蘑"换成1罐金枪鱼、半个西蓝花、半杯原味酸奶也可以。

沙拉用适量的生菜叶和熟西蓝花即可。也可增加调味汁。

冷藏
3~4日

可冷冻

96

＼ 章鱼意面便当 ／

空心面有空洞，外观饱满是关键。
章鱼有嚼劲，一张平底锅全搞定了。

番茄章鱼意面

材料（2 人份）

空心面…100g
水煮章鱼（切成薄片）…180g
番茄（扇切）…2 个
圆葱（切成薄片）…¼ 个
口蘑（横竖切成 4 等分）…6~8 个
清汤粉…1 小匙
盐、胡椒、大蒜粉…各少许
水…1 杯
橄榄油…半大匙

做法

1. 将全部材料倒入平底锅，搅拌后盖锅，开强火。
2. 煮沸后，改弱中火煮 5 分钟，开盖搅拌，再煮 3 分钟。最后用强中火煮 3 分钟，靠干锅中水分。撒入少许盐和胡椒（分外量），分成单人份，装入保存容器。

※ 根据个人喜好可撒入适量芝士粉和洋芹末。

单品！减肥便当

将全部材料倒入平底锅搅拌加盖，就这么简单。蔬菜量是空心面量的 3 倍！

开盖煮好即可。没想到吧，一张平底锅即可轻松搞定。

酱油的香味扑鼻而来！
每人份鸡腿肉 100g。

MEMO

也可用 1袋魔芋丝代替金针菇。生
魔芋丝富含神经酰胺，是美容瘦
身之佳品。

冷藏
3~4日

\ 什锦炒面便当 /

用单人份的炒面做出 2 人份的量。
加上金针菇颇显饱满，色香第一。

什锦炒面

材料（2人份）

炒面用的蒸面…1 袋
鸡腿肉切块…200g
水煮笋（薄片）…1 根
金针菇（去根掰成小瓣）…1 袋
青椒（细丝）…2 个
芝麻油…2 小匙
盐、胡椒…各少许
日式汤粉…1 小匙
酱油…2 小匙

做法

1. 将炒面用的蒸面切成两半。

2. 将芝麻油倒入平底锅，开中火，倒入鸡腿肉块翻炒 2~3 分钟。加入水煮笋片和面，撒上盐、胡椒、清汤粉，外加大匙水（分外量），盖锅煮 1 分钟。

3. 加入金针菇和青椒丝翻炒，待炒软后再洒上酱油翻炒。分成单人份，装入保存容器。

单品！减肥便当

将袋装面一切两半，便于装入便当盒。可以垫着包装袋切不易沾污菜板。

金针菇富含膳食纤维。但是冷冻后口感稍差，可以不用笋片，改用 4 个青椒切丝增量。

图书在版编目（ＣＩＰ）数据

　减肥便当 /（日）柳泽英子著;郭雅馨译 . -- 青岛：
青岛出版社 , 2017.11
　ISBN 978-7-5552-5929-9

　Ⅰ.①减… Ⅱ.①柳… ②郭… Ⅲ.①减肥－食谱
Ⅳ.① TS972.161

　中国版本图书馆 CIP 数据核字 (2017) 第 256986 号

OBENTO MO YASERU OKAZU TSUKURIOKI
by Eiko YANAGISAWA
©2016 Eiko YANAGISAWA
All rights reservsd.
Original Japanese edition published by SHOGAKUKAN.
Chinese translation rights in China (excluding Hong kong, Macao and Taiwan)
arranged with SHOGAKUKAN through Shanghai Viz Communication Inc.

山东省版权局著作权合同登记 图字：15-2017-150号

书　　名	减肥便当
著　　者	（日）柳泽英子
译　　者	郭雅馨
出版发行	青岛出版社
社　　址	青岛市海尔路 182 号（266061）
本社网址	http://www.qdpub.com
邮购电话	13335059110　0532-85814750（传真）0532- 68068026
责任编辑	杨成舜　刘　冰
封面设计	刘　欣
内文设计	刘　欣　时　潇　张　明　刘　涛
印　　刷	青岛浩鑫彩印有限公司
出版日期	2018 年 1 月第 1 版　2018 年 1 月第 1 次印刷
开　　本	32 开（890mm×1240mm）
印　　张	3.5
字　　数	35 千
图　　数	200
印　　数	1 - 6000
书　　号	ISBN 978-7-5552-5929-9
定　　价	39.00 元

编校印装质量、盗版监督服务电话 4006532017　0532-68068638
建议陈列类别：美食